L'ART DE VOYAGER

GRATIS

PAR

A. DRADUOG DE SAINT-CLAIR.

ÉTUDE DE MŒURS

Prix : 80 centimes

PARIS

DENTU, LIBRAIRE-ÉDITEUR

PALAIS-ROYAL

17 ET 19, GALERIE D'ORLÉANS, 17 ET 19.

—

1873

157.

L'ART DE VOYAGER

GRATIS

PAR

A. DRADUOG DE SAINT-CLAIR.

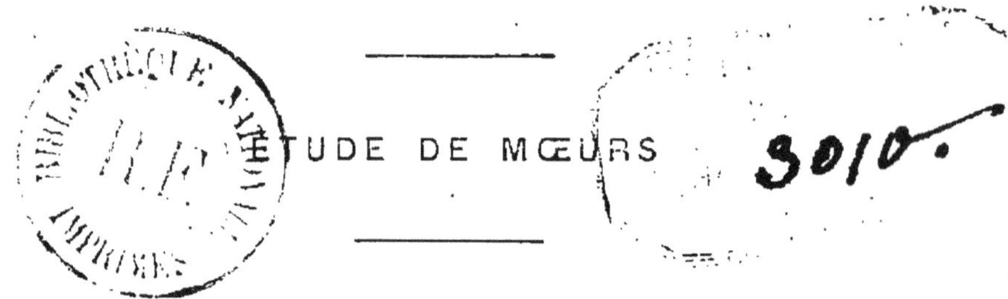

ÉTUDE DE MŒURS

Prix : 50 centimes

PARIS

DENTU, LIBRAIRE-ÉDITEUR

PALAIS-ROYAL

17 ET 19, GALERIE D'ORLÉANS, 17 ET 19.

—

1873

L'ART DE VOYAGER

GRATIS

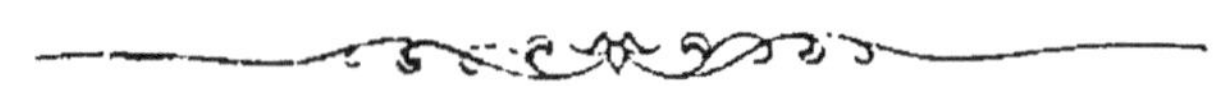

Voici d'abord quelques explications sur les événements qui m'ont poussé vers des contrées étranges, où j'ai pu étudier un peuple bien curieux. Je tracerai ensuite quelques scènes de mœurs de ce peuple ignoré, et je terminerai enfin cette notice par des renseignements généraux sur les voies et moyens pour accomplir soi-même ce voyage dans les conditions précitées d'honorable gratuité.

Je fondai, il y a quelques années, dans ma ville natale, un petit journal sous ce titre : *le Coin du feu.*

Cette bluette bornait son ambition à justifier son modeste sous-titre de journal artistique, lorsque le maire de la localité lui fit l'honneur de l'élever à la hauteur d'un journal politique.

Nous nous étions livrés à un genre d'appréciation interdit à cette époque draconienne aux journaux dépourvus de cautionnement; nous avions abordé des questions administratives et nous avions, ainsi, touché presque au budget.

Lorsque M. le maire *décrétait* une plantation de tilleuls sur nos places publiques, nous réclamions des ormeaux. Si ce magistrat inclinait vers une plantation d'ormeaux, le *Coin du feu* vociférait : « Des tilleuls! »

M. le maire, parfaitement honorable personnellement, bienveillant même, dans ses relations privées, n'acceptait pas la moindre discussion sur ses actes administratifs; il proclamait d'ailleurs, en toute circonstance, son infaillibilité avec une bonne foi si parfaite, qu'on ne pouvait lui en vouloir; c'était pour lui un dogme! Ce magistrat aurait pu prendre en considération le caractère anodin du *Coin du feu*, journal presque aussi intime que son titre :

nous avions quarante-cinq abonnés...juste
autant que de souscripteurs fondateurs,
mais, usant de son droit, — *summum jus,*
— M. le maire porta plainte.

Le parquet nous assigna devant la troisième chambre du tribunal civil, jugeant
correctionnellement.

Le *Coin du feu* fut condamné à cent
francs d'amende pour chaque article incriminé, plus un mois d'emprisonnement qu'il
devait subir, comme de droit, dans la personne du gérant; — le gérant c'était moi.

Nous relevâmes appel.

Notre journal était incriminé, non pas de
délits graves, mais seulement de quelques
empiétements sur les extrêmes limites de
la loi, d'ailleurs très-restrictive en ce
temps-là, pour les journaux artistiques qui
côtoyaient sans cautionnement les questions administratives; nous professions le
respect de la vie privée; nos rédacteurs,
tous gens de bonne compagnie, ne plai-
santaient pas méchamment; cette impres-
sion fut favorable sur les juges du second
degré, la cour *infirma* la condamnation

prononcée par le tribunal : nous étions absous.....

Pourvoi *a minima* de la part du ministère public, devant la cour de cassation.

La cour suprême cassa le jugement qui nous avait acquittés; une autre cour impériale fut appelée à nous juger.

Cette cour confirma le premier jugement.

Poursuivis à outrance, nous parcourions ainsi, tantôt battants, tantôt battus, toutes les juridictions de l'empire, et nous allions enfin revenir devant la cour de cassation, siégeant en robes rouges, toutes chambres réunies, lorsque les fonds nous manquèrent pour soutenir notre recours.

Dura fames !.....

Notre caissier paya l'amende; directeur-gérant du journal, le mois d'emprisonnement m'incombait.

Je purgeai ma condamnation à la maison d'arrêt de la cour où le dernier jugement avait été rendu.

Pourquoi la maison d'arrêt?

C'est que, dans cette région, les délits

de presse étaient tellement rares, que l'on n'avait pas songé à y bâtir des prisons pour les délinquants de cette catégorie.

Ne pouvant accepter, en bonne conscience, ma classification parmi les criminels, je pensai que la Providence m'avait poussé dans ces régions étranges pour y remplir l'office de *reporter*, voilà pourquoi j'écris ces lignes.

C'est un bien beau voyage qu'une excursion à la maison d'arrêt !

Que d'études à faire, dans ce sous-sol de la société !

Là vous voyez passer dans le préau tous les types du crime, depuis le simple voyou qui a pris la poche du voisin pour la sienne, jusqu'à l'assassin endurci qui attend l'ouverture de la session des assises où il doit être jugé ; depuis le vagabond qui n'a pas su où passer la nuit jusqu'au repris de justice, qui attend dans cette hôtellerie le passage de la correspondance chargée de le réintégrer au bagne, son domicile légal.

Parmi tous ces conscrits de la guillotine, que de têtes on pourrait sauver !

Y songe-t-on ?

Vos prisons manquent de sens chrétien ;
uniquement vindicatives, ces institutions
païennes enserrent fatalement le corps du
prisonnier, sans se préoccuper de la régé-
nération de son âme.

Ces réceptacles rendent à la société le
condamné puni, mais non pas assaini, et le
lancent dans nos cités flétri d'un passeport
jaune, brevet d'enrôlement dans la légion
des meurtriers.

Défalquez, en effet, les repris de justice
de l'actif de l'assassinat dans les statistiques
du crime, il ne restera guère pour effectif
que les meurtriers par violence de caractère, en faveur de qui le jury d'ailleurs
refuse rarement le bénéfice des circons-
tances atténuantes, même dans les cas
aggravants ; la fonction de bourreau serait une sinécure sans la ressource des
prisons.

Il y a des réformes à faire dans votre
régime pénal ; le condamné est un malade
que la prison qui l'étreint ne devrait lâcher
que guéri.

Assainissez ces égouts et vous pourrez réaliser enfin ce rêve humanitaire :

« L'abolition de l'échafaud. »

Continuons notre rapport.

Les maisons d'arrêt sont soumises à divers régimes, et, selon la localité où elles sont situées, on y vit en cellule ou dans le communisme.

Pourquoi cette diversité de moyens répressifs ou coercitifs pour des délits ou des préventions identiques? ne dirait-on pas que la loi, bienveillante pour les bandits, a voulu leur laisser le choix de leur retraite? Ces gaillards, qui connaissent la géographie des prisons comme la poche de leurs clients, ne manquent pas de profiter de la latitude qui leur est offerte pour se loger à leur convenance, dans les domiciles multiples qui leur ont été préparés.

« Gardez-vous, mes enfants, s'écriait un vieux pensionnaire de notre pénitentier, en train de faire son cours de criminalité aux jeunes gens du préau, gardez-vous bien de jamais *travailler* dans le ressort d'une cour à prison cellulaire ; on devient idiot dans ces loges étroites. — Je ne suis pas de cet avis, répliqua sur-le-champ le chef d'une autre école : dirigez-vous toujours, mes fils, vers les cellules. Ici, vous le voyez, on gèle pendant l'hiver, on y grille pendant l'été ; — Le brigand disait vrai, — « les maisons cellulaires ont des calorifères, et puis, c'est plus distingué.» — Sans doute, reprit l'autre, mais c'est moins instructif. »

La discussion s'anima...

Il est un coin du préau à l'abri du soleil où les anciens se réunissent, comme jadis les vieillards à l'ombre des platanes dans les républiques grecques ; ces vénérables y devisent en paix sur les plus hautes questions antimorales et antisociales ; on traite dans ce cénacle, en fait de délits et de crimes, *de omni re scibili.*

Vos prisons sont des académies !...

Doué d'un caractère facile, je me liai bientôt avec la haute compagnie de cette basse société.

Un repris de justice me donna des leçons d'*argot*, à un cigare le cachet.

Disons, en passant, que l'argot est la langue élégante de ce pays perdu, comme un îlot, dans l'océan du monde ; le français n'est que l'idiome des petites gens de l'endroit.

Le nombre des détenus s'élevait environ, à l'époque dont nous parlons, au chiffre de cent cinquante ; ce chiffre, d'ailleurs, variait avec la population flottante des vagabonds condamnés à des peines légères, qui ne faisaient qu'apparaître dans le préau, pour faire bientôt place à de nouveaux venus.

Ces jeunes gens, — la plupart des condamnés de cette catégorie étaient jeunes, — ces jeunes gens, dans cette société construite en contre-bas, où chaque individu du monde régulier trouve son opposite, représentaient les *touristes*, qui sous les latitudes heureuses de terres libres parcourent les pays lointains.

Aussitôt qu'un de ces voyageurs arrivait dans notre contrée, les bourgeois de la localité se pressaient autour du débarqué, pour lui demander des nouvelles des antipodes d'où celui-ci revenait.

Chacun était avide d'apprendre ce qui se passait sur le sol de la liberté.

Ce jeune homme se livrait alors à des récits gigantesques.

La foule des bandits demeurait suspendue aux lèvres du narrateur.

« *Intentique ora tenebant.* »

Lorsque ce journaliste — pardon de l'expression — avait vidé son sac à *blagues* et à chroniques, les détenus se dispersaient et tout rentrait dans l'ordre accoutumé.

Les prisonniers reprenaient leur marche circulaire.

Aussitôt que le gardien s'éloignait, les jeunes gens jouaient au *cheval fondu.*

Les négociants brocantaient, dans un coin du préau, la moitié de leur pain contre un bout de cigare, ou bien contre une chique en troisième ou quatrième main.

Les artistes improvisaient des scènes de cour d'assises.

J'ai vu juger *Lacenaire*, à un nouveau point de vue, dans cette cour des Miracles.

L'ordre des avocats était représenté —

moins l'honorabilité — d'une manière remarquable dans ces débats improvisés.

Nos sacripans volaient effrontément jusques aux moindres gestes des célébrités du barreau.

Les sessions étaient précédées d'un grand calme dans le préau.

Rassuré par ce calme trompeur, le gardien quittait-il pour un instant son poste, aussitôt une voix glapissante surgissant du milieu d'un groupe s'écriait :

« Silence ! »

« La cour ! »

« Chapeau bas ! »

Les vieilles houppelandes, habilement drapées, devenaient aussitôt des robes de magistrats.

Les bonnets traversés par des fils longitudinaux étaient métamorphosés en toques d'avocats, de juges et de greffiers.

On composait un tribunal.

Un impressario chargé des accessoires soignait la mise en scène et veillait à tous les détails.

Le président était muni de sa sonnette ;

une vieille écuelle, armée d'un fer quelconque pour battant.

Le recrutement de la gendarmerie présentait des difficultés ; nul ne voulait être gendarme, mais le doyen du préau nommait d'office à cet emploi, il empoignait le titulaire et l'installait sur-le-champ.

Le gendarme n'avait pas de peine à se procurer un coupable, il prenait au hasard sur le tas.

Les jurés avaient l'air paterne.

Les débats marchaient avec ordre ; en jouant à la cour d'assise, ces acteurs se sentaient chez eux.

Les avocats étaient diserts.

« Nous avons des arrêts ! » s'écriait un jour un de ces messieurs, à bout d'argumentation dans une affaire parfaitement exposée où le civil était mêlé au criminel.

— Je vous mets au défi, répliqua l'avocat de la partie adverse, de montrer ces arrêts : voyons, citez les dates.

— On me parle de dates, reprit notre orateur, on veut voir les arrêts? Eh ! que m'importent à moi les dates et les arrêts !

Les dates? je les ignore ; les arrêts?..... ne les voyez-vous pas gravés sur les fronts indignés des honnêtes gens qui m'écoutent et dont la conscience... »

Tous ces honnêtes gens, à ce mot *cons-cience*, rirent d'un rire fou.

Le gardien apparut.

Personne ne rit plus. Le tribunal disparut et le préau fut transformé en annexe de l'Observatoire.

Le parquet, le prétoire, les gendarmes, les juges, les témoins, le greffier, les jurés et les accusés, cherchèrent au firmament des étoiles en plein midi.

Le gardien, croyant que les détenus attendaient une éclipse, alla chercher un verre noir.

Nous avions parmi nous des savants et des philosophes. Cette dernière catégorie se tenait généralement à l'écart.

Je remarquai parmi ces solitaires un jeune homme nommé *Poppo*, ou *Peppo*, ou *Beppo* ; c'était, je crois, un Corse qui *avait fait une peau*.

Ce jeune homme ne répondait jamais

directement aux questions qu'on lui.adres-
sait.

Quel est votre métier? demandai-je à ce
détenu, un jour qu'il était gai.

Poppo me répondit :

Moribond!!!...

Vous le voyez, dans cette société si mê-
lée, ce n'est pas la monotonie qui tue; et
puis, si l'on est pris de dégoût ou de nos-
talgie, on obtient sans trop de difficulté de
subir sa détention dans une maison de
santé; cette espèce de commutation de
peine est particulièrement à l'usage de ceux
qui sont entrés dans ces bouges par la porte
d'honneur des vaincus de la presse.

Je dus alléguer une affection morbide
quelconque; naturellement je fis choix d'un
rhumatisme chronique, qui n'offre pas de
symptômes visibles; le rhumatisme fut
accepté de confiance j'obtins, bientôt ma
translation à l'Hôtel-Dieu de la ville de
Nîmes.

L'Hôtel-Dieu de cette cité est vraiment
digne de son titre.

Que j'aime à proclamer la touchante hospitalité des bonnes sœurs de Saint-Joseph, desservantes de cet hospice !

Je me trouvai si bien dans ce modeste asile, dont j'ai gardé le souvenir parmi les feuilles les plus roses de mes impressions de voyage, que je sollicitai la faveur, à l'expiration de ma peine, d'y prolonger mon séjour, pour achever en paix d'y rédiger mes notes.

Ces bonnes sœurs m'avaient logé dans une longue salle, occupée seulement par huit ou dix malades qui étaient tous d'ailleurs en voie de guérison.

L'autel de la Vierge Marie, placé entre deux fenêtres immenses, qui l'inondaient d'air pur et de lumière, ornait le fond de cette salle.

J'occupais le haut bout, — place présidentielle, — à l'autre extrémité de ce vaste local, spécialement consacré aux malades atteints d'infirmités légères et à ceux qui, sortant des griffes de la mort, venaient reprendre place au banquet de la vie.

Je pouvais voir ainsi en face, à mon réveil, par les deux fenêtres ouvertes, la

plaine qui s'étend de Nîmes, la ville ro-
maine, à Aigues-mortes, la ville de S. Louis.

Des gerbes de lilas foisonnaient sur le
tabernacle ; cette fleur si suave, qui paraît
des premières aux premiers beaux jours
du printemps, répandait ses parfums sur le
front de l'Immaculée, et ses tendres cou-
leurs, complétant l'harmonie, faisaient di-
vinement ressortir la figure touchante de
la Vierge des sept douleurs.

L'encens fumait à l'aube autour du sanc-
tuaire et s'élevait en spirales blanches à
travers le parfum des fleurs.

Les brouillards descendaient le soir dans
la campagne et s'étendaient dans les prai-
ries, comme pour en cueillir les senteurs.

Les malades jetaient leurs béquilles et
bénissaient l'hospice en le quittant.

Le mois de mai était en pleine séve.

Le rossignol chantait.

L'air était transparent.

Tout était harmonie au ciel et sur la
terre.....

Vous le voyez, ce voyage à travers les
prisons n'a pas la monotonie des voyages

vulgaires que vous faites en chemin de fer ;
qu'est-ce, en effet, de nos jours, un voyage ?
C'est un transfert de gare en gare ; la va-
peur, ayant supprimé les distances, a supprimé l'imprévu ; vous croyez être des touristes, vous n'êtes que des colis.....

Imitez-moi !

Fondez un petit journal ; insinuez dans
cet organe que les lunettes *vertes* de M. le
maire ont une signification politique, ou
que ce n'était pas sans quelque machiavé-
lisme qu'Alcibiade avait coupé la queue à
son chien.

Vous aurez commis un énorme délit de
presse, et vous serez inexorablement pour-
suivi, pour peu que M. le maire ait l'épi-
derme irritable et que votre journal n'ait
pas de cautionnement.

Vous serez, par suite, très-certainement
condamné à une amende de cent francs,
par chaque article incriminé, et à un mois
d'emprisonnement.

L'amende est à l'adresse de vos souscripteurs fondateurs ; ces capitalistes auront,
pour se consoler de ce léger échec, le noble

orgueil d'avoir fondé un journal qui aura eu le courage de mettre en accusation..... les lunettes de M. le maire.

Quant à vous, cher rédacteur-gérant de cette petite feuille, vous ferez à ce titre un voyage curieux et surtout très-économique, car il vous reviendra pour le premier départ pour la maison d'arrêt un billet GRATUIT et *obligatoire*.

Ainsi soit-il !

Les délicats me blâmeront peut-être de ce que je publie sans rougir ma descente dans les prisons : où est le mal? où est la honte? Est-ce que l'échafaud, qui dans l'ordre pénal est bien plus infamant que la simple prison, a enlevé à ceux des souverains qui en ont monté les degrés un seul quartier de leur noblesse, et ne tenez-vous pas Louis XVI et Charles Ier pour de parfaits gentilshommes? Pourquoi donc rougirai-je, moi sentinelle avancée, envoyée par la Providence, de qui toute chose ressort, pour explorer ces bas-fonds et pour jeter le cri d'alarme sur les dangers sociaux que renferment ces profondeurs, pourquoi donc rougirais-je d'avoir reçu d'en haut cette belle mission? Moi rougir! la crainte du « qu'en dira-t-on? » refoulerait ma voix au fond de ma poitrine et briserait ma plume dans ma main? C'est là que serait la honte! (1).

Au reste, dès mon entrée à la maison d'arrêt, il m'eût été facile de prendre une position considérée comme relativement honorable dans cette localité. Une personne bienveillante, qui vint me visiter, m'engagea en effet à demander d'être admis au

(1) Cédant aux sollicitations de quelques anciens amis, qui ont conservé à Paris les préjugés de la province, je me décide, au moment du tirage, à intervertir l'ordre des lettres qui composent mon nom patronymique et à signer ainsi cet opuscule d'un nom dont je me sers parfois dans les journaux; usant dans cette circonstance de ce nom qui par adoption m'appartient, je concilie le devoir de la signature avec les égards que je dois aux susceptibilités excessives de mes excellents amis; quant au titre de *Saint-Clair,* que j'ajoute au pseudonyme parfaitement transparent dont je me sers à cette occasion, c'est simplement le nom de la montagne au pied de laquelle, sous un ciel *clair,* s'élève, au bord de la Méditerranée, la ville d'où je suis.

régime de la *pistole* et m'offrit son intervention pour faire aboutir ma requête.

Voici ma réponse :

« Dans le monde où je vivais naguère,
« je n'ai jamais sollicité ni places ni dis-
« tinctions ; je ne commencerai pas ici ; je
« ne ferai donc pas de démarches pour me
« faire classer parmi les gens de marque
« de cette léproserie. Je serais heureux,
« sans doute, de ma translation dans un
« milieu moralement plus pur, comme se-
« rait un hospice cet asile des pauvres,
« mes amis, mais ici je ne sollicite rien,
« je subis. »

« *Non possumus.* »

Voilà comment j'ai pu étudier de très-près cette population singulière dont je vous donne ici la description, sinon avec éclat, du moins avec l'exactitude d'un observateur *de visu.*

Que d'observations n'aurai-je pas encore à vous communiquer sur ces contrées étranges! que ne puis-je vous faire participer aux méditations consolantes auxquelles on est porté irrésistiblement pendant les longs loisirs du préau, lorsqu'on regarde, ainsi qu'un agronome devant un champ inculte et cependant arable, cette masse de malfaiteurs, fils de Dieu comme nous, et dont quelques-uns du moins n'attendent pour se relever et fleurir à la vie morale que la sollicitude d'un intelligent jardinier !

Puissiez-vous, cher lecteur, m'accorder votre bienveillance, et contribuer en tant que vous pourrez à faire écouler l'édition de ce numéro-ci ; je vous dirai pour lors dans mes autres articles la suite de mes observations, je vous confierai le fruit de mes méditations, je soumettrai peut-être à votre jugement un projet de réforme sur le régime des prisons. Comptez enfin, pour vous guider dans ce curieux voyage dans le sous-sol de la civilisation, si vous avez envie de l'entreprendre, sur toute la sympathie de votre serviteur.

A. DRADUOG DE SAINT-CLAIR.

1402 — Paris. Imp. Jules Le Clere et C⁰, rue Cassette, 29.

PARIS. — JULES LE CLERE ET Cie, RUE CASSETTE, 29.